非洲猪瘟综合防控技术系列丛书

生猪运输环节
非洲猪瘟防控
生物安全手册

中国动物疫病预防控制中心

中国农业出版社
北 京

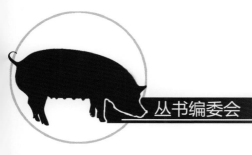

丛书编委会

本书编委会

主　　编　张宁宁

副 主 编　韩　忝　李　硕　关婕葳　张邵俣

编　　者（按照姓氏笔画为序）

马　冲　　王　赫　　王志刚　　白　洁

曲　萍　　刘　毅　　刘林青　　刘俞君

刘洪雨　　李　翀　　李　琦　　李　鹏

李晓东　　杨卫铮　　吴佳俊　　张　倩

陈慧娟　　单佳蕾　　赵灵燕　　赵雨晨

郝玉欣　　郝晓芳　　徐　辉　　董维亚

蒋　菲　　穆佳毅

总　序

  2018年8月，辽宁省报告我国首例非洲猪瘟疫情，随后各地相继发生，对我国养猪业构成了严重威胁。调查显示，餐厨剩余物（泔水）喂猪、人员和车辆等机械带毒、生猪及其产品跨区域调运是造成我国非洲猪瘟传播的主要方式。从其根本性原因上看，在于从生猪养殖到屠宰全链条的生物安全防护意识淡薄、水平不高、措施欠缺，为此，中国动物疫病预防控制中心在实施"非洲猪瘟综合防控技术集成与示范"项目时，积极探索、深入研究、科学分析各个关键风险点，从规范生猪养殖场生物安全体系建设、屠宰厂（场）生产活动、运输车辆清洗消毒，以及疫情处置等多个方面入手，组织相关专家编写了"非洲猪瘟综合防控技术系列丛书"，并配有大量插图，旨在为广大基层动物防疫工作者和生猪生产、屠宰等从业人员提供参考和指导。由于编者水平有限，加之时间仓促，书中难免有不足和疏漏之处，恳请读者批评指正。

编委会

2019年9月于北京

前　言

    流行病学调查结果表明，被污染的车辆和人员是非洲猪瘟病毒传播、扩散的主要方式之一。加强生猪运输环节非洲猪瘟防控生物安全管理，规范运输车辆洗消场所的建设和管理，做好运输车辆、人员和物品的清洗消毒，是切断非洲猪瘟病毒传播途径，保障养殖场生猪健康、猪肉产品安全的重要手段。2019年6月22日，国务院办公厅出台《关于加强非洲猪瘟防控工作的意见》（国办发〔2019〕31号），明确要求完善运输工具清洗消毒设施设备，支持畜牧大县建设生猪运输车辆洗消中心。

    非洲猪瘟疫情发生以来，各级政府部门、养殖场户和屠宰企业逐步重视生猪运输环节非洲猪瘟防控生物安全管理，加大政策支持和资金投入，积极探索有效的管理运营模式，持续完善运输车辆清洗消毒程序，有效降低了运输车辆传播疫情的风险。

    本指引适用于养殖、屠宰和从事生猪运输相关活动的企业或个人。

目　　录

第一章 运输前的准备

从事生猪运输前，承运人应检查生猪运输车辆、人员是否符合以下条件，详细了解车辆信息和将要运输的生猪情况，提前协商规划运输路径，按要求做好车辆、人员及随车物品的清洗和消毒。

1 生猪运输车辆的条件

1.1 运输资质

运输车辆应附具与车辆信息一致的由承运人所在地县级畜牧兽医主管部门出具的《生猪运输车辆备案表》（图1-1）。

图1-1 生猪运输车辆备案表

1.2 车厢材质

运输车辆的车厢可为封闭式或者开放式（图1-2），厢壁及底部、隔离板或隔离栅栏应采用不锈钢、铁管或铝合金等耐腐蚀、防渗漏的材质制成，可拆卸、移除进行清洗、浸泡和消毒，严禁使用木制垫层等易腐蚀、不耐清洗的材质。

图1-2　生猪运输车辆

1.3 随车配备的物品（图1-3）

1.3.1 防止动物粪便、垫料、体液等渗漏、遗撒的设施和清理、暂存的设备。

1.3.2 清理、收集、存放生活垃圾的设施和设备。

1.3.3 简易的清洗、消毒设备。

1.3.4 口罩、手套、鞋套等个人防护物品。

1.3.5 动物耳温枪、装尸袋等其他保障动物防疫的设施设备。

1.3.6 必要的饲喂、饮水容器和动物装载辅助用具。

1.3.7 警戒线、隔离带等必要的应急隔离设施。

1.3.8 《生猪运输情况记录表》。

图1-3　随车配备的物品

1.4　运输车辆安全卫生情况

1.4.1运输车辆每次运输前应经专业的车辆清洗消毒场所清洗、消毒，并保留相关票据。不具备前往车辆清洗消毒场所清洗、消毒条件的，承运人应按照本手册规定的清洗消毒程序进行清洗消毒，达到清洗消毒合格标准。

1.4.2车体、车厢、轮胎、底盘等表面应清洁、干燥，无残留的动物粪便、饲料、垫料等污染物。

1.4.3驾驶室内方向盘、变速杆、座椅、操作台、踏板、脚垫、车门及把手等部位应清洁、干燥，无污染物。

1.4.4驾驶室和车厢内不得存放对生猪或生猪产品存在潜在危害的化学品、危险品，不得放置不便于清洗、消毒的杂物。

1.4.5装载前，应对随车配备的相关物品进行清洁、消毒。

2 从事生猪运输活动人员的条件

2.1 健康证明

直接从事生猪运输活动的人员应持有并随身携带合法有效的健康证明（图1-4）。

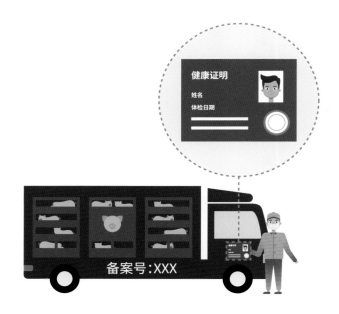

图1-4 健康证明

2.2 个人卫生

从事运输活动前，应做好个人清洁、卫生工作，穿着干净的衣服，并随车携带一套干净的衣服备用。

3 规划运输路径

3.1 跨省、自治区、直辖市运输生猪时，承运人应提前与托运人协商规划运输路径。

3.2 跨省、自治区、直辖市运输生猪的车辆，以及发生疫情省份及其相邻省份内跨县调运生猪的车辆，应当配备车辆定位跟踪系统（图1-5），相关信息记录保存半年以上。

图1-5 配备GPS

4 核实运输生猪情况

运输前，承运人应向托运人了解运输生猪有关情况，并做好相应准备工作。

4.1 了解运输生猪的大小、数量，运输生猪的总重量不得超过核定的最大运载量（图1-6）。

图1-6　禁止超载

4.2根据运输生猪的数量、大小和运输距离等情况，准备必要的饲料和饮水。

4.3提供真实、准确的车辆信息和承运人信息。

4.4准备适量的隔离板或隔离栅栏，保持合理的运输密度，每栏生猪的数量不能超过15头，装载密度不能超过265千克/平方米（图1-7）。

图1-7　运输生猪的数量及密度限制

5　装载和卸载的要求

运输车辆抵达启运地或目的地后，承运人应严格遵守相关生物安全规定，车辆和随车人员不得进入生产区。

5.1 装载前，承运人应严格按照《动物检疫合格证明》载明的启运地、目的地、数量等信息承运生猪，未提供《动物检疫合格证明》的或《动物检疫合格证明》信息与实际情况不符的，承运人不得承运。

5.2 生猪装载后，承运人应清点生猪数量、观察生猪的健康状况，发现异常情况应暂停运输。

5.3 生猪卸载后，承运人应就近将车辆经专业的车辆清洗消毒场所清洗、消毒，并保留相关票据或按照本手册规定的清洗消毒程序对车辆进行清洗消毒，达到清洗消毒合格标准。

第二章 运输过程的管理

承运人应严格按照预先规划的运输路径行驶，停车期间应观察车辆安全卫生情况和生猪健康状况，采取必要措施避免生猪发生应激反应，发现异常情况，应按照要求处置。

1 运输车辆的管理

1.1 空车运输时，承运人应尽量减少沿途停留的次数和时间，避免接触动物、动物产品，不得购买和携带未经消毒的动物产品。

1.2 运输生猪时，承运人每间隔 2 ~ 4 个小时应选择光线充足的地点停车，戴上口罩、手套和鞋套，观察车辆卫生情况（图2-1）。

1.2.1 车辆停放时，应尽量远离动物和人群或其他运载动物、动物产品的工具。

1.2.2 观察车体、车厢、轮胎、底盘等表面，是否附着动物粪便、垫料、体液、毛发、血液等污染物，及时清理、收集附着的污染物，对局部进行清洗、消毒。

1.2.3 观察车厢是否有渗漏、遗撒等情况，及时清理、收集渗漏、遗撒物，调整或增加防止渗漏、遗撒的设施，对局部进行清洗、消毒。

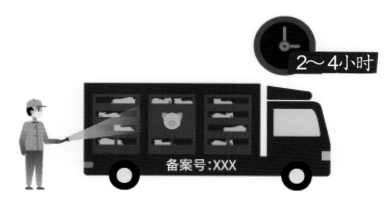

图2-1 停车检查

2 运输生猪的管理

运输生猪时，承运人每间隔2～4个小时应选择光线充足的地点停车，戴上口罩、手套和鞋套，观察生猪健康状况。

2.1 车辆停放时，应尽量远离动物和人群或其他运载动物、动物产品的工具。

2.2 观察生猪精神状况、呼吸状态、运动状态、饮水饮食情况及排泄物状态等。

2.3 及时清理、收集剩余的饲料和饮水，补充清洁的饲料和饮水。

2.4 当途经地温度高于25℃或者低于5℃时，应通过调整运输生猪密度、在车顶加盖防晒设备或加装隔温板等措施进行通风降温或者保暖防寒，避免生猪发生应激反应。

2.5 异常情况的处置（图2-2）

2.5.1生猪出现无症状突然死亡或体温升高，精神沉郁，厌食，耳、四肢、腹部皮肤有出血点、发绀，眼、鼻有黏液脓性分泌物，呕吐，便秘，粪便表面有血液和黏液覆盖，或腹泻，粪便带血，步态僵直，呼吸困难等症状，可怀疑为非洲猪瘟。

2.5.2发现疑似非洲猪瘟症状的生猪，承运人应当立即停止运输生猪活动，并向途经地兽医主管部门、动物卫生监督机构或者动物疫病预防控制机构报告。

2.5.3在相关部门到来前，承运人应采取隔离等措施，避免其他车辆、人员靠近或接触病（死）猪和运输车辆。

2.5.4承运人应积极主动配合相关部门开展调查处置工作，最大限度降低疫病传播的风险。

图2-2　异常情况的处置

3　接受监督检查

承运人应主动在地方人民政府或畜牧兽医主管部门设立的指定通道或公路动物卫生监督检查站接受监督检查。

4　废弃物的处置

4.1运输途中产生的剩余食物、废纸等生活垃圾，应统一收集后，送到专门的垃圾回收地点处理（图2-3）。

图2-3　垃圾回收

4.2清理的动物粪便、垫料、体液等污染物和残留的饲料、饮水等应统一收集、存放，送到符合要求的无害化处理点，不得随意丢弃、处置（图2-4）。

图2-4　潜在危害物无害化处理

5　相关记录的填写及保存

5.1承运人应及时填写《生猪运输情况记录表》（图2-5），详细记录《动物检疫合格证明》编号、生猪数量、运载时间、启运地点、到达地点、运载路径、车辆清洗、消毒以及运输过程中染疫、病死、死因不明生猪处置等情况。

图2-5　生猪运输情况记录表

5.2《生猪运输情况记录表》、相关票据等保存半年以上。

第三章 运输车辆的清洗消毒

生猪运输车辆在装载前和卸载后应按照如下程序进行清洗消毒，若承运人自行进行车辆清洗消毒的，则首先要完成自身的清洗消毒。鼓励有条件的企业或个人建设专业的车辆清洗消毒场所。

1 清洗消毒前的准备

承运人应按照清洗消毒场所的要求，将车辆停放在指定区域（图3-1），做好清洗消毒前的准备。

图3-1 车辆清洗消毒场所停车处

1.1 清理废弃物

收集运输途中产生的污染物、生活垃圾等废弃物，包装好后放置于指定的区域。

1.2 整理物品

整理驾驶室、车厢内随车配备和携带的物品，进行清洗、消毒和干燥。

1.3 拆除可移动隔板

拆除厢壁及随车携带的隔离板或隔离栅栏、移除垫层，进行清洗、消毒和干燥。

2 清理

将车辆停放在清理区域，按照由内向外、由上到下的顺序清理车辆内外表面。

2.1 大块污染物清理

清理车厢和驾驶室内部，去除肉眼可见的大块粪便、饲料、垫料和毛发等污染物（图3-2、图3-3）。

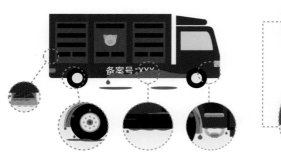

图3-2　清理车辆外部　　　　　图3-3　清理车辆内部

2.2　车辆预清洗

用低压水枪对车体内、外表面进行初步冲洗，打湿车体外表面、车厢内表面、底盘、车轮等部位，经有效浸泡后清理，重点去除附着在车体外表面、车厢内表面、底盘、车轮等部位的堆积污物（图3-4、图3-5）。

图3-4　车辆外部预清洗　　　　　图3-5　车辆内部预清洗

15

2.3 清理结果判定

清理合格的标准为车体外表面、车厢内表面、底盘、车轮等部位无肉眼可见的大块污染物。

清理完毕后，应立即对所有清理工具进行清洗、浸泡消毒。

3 清洗

将车辆停放在清洗区域，按照由内向外、由上到下的顺序清洗车辆内外表面。优先选择使用中性或碱性、无腐蚀性的，可与大部分消毒剂配合使用的清洁剂。

3.1 高压冲洗

用高压水枪充分清洗车体外表面、车厢内表面、底盘、车轮等部位，重点冲洗污染区和角落。

3.2 喷洒清洁剂

用泡沫清洗车或发泡枪喷洒泡沫清洁剂，覆盖车体外表面、车厢内表面、底盘、车轮等部位，刷洗污染区域和角落，确保清洁剂与全车各表面完全、充分接触，保持泡沫湿润、不干燥（图3-6）。

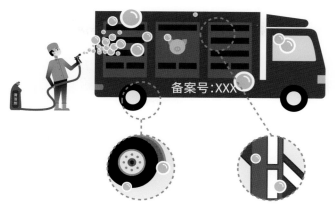

图3-6 喷洒清洁剂

3.3 冲洗清洁剂

用高压水枪对车体外表面、车厢内表面、底盘、车轮等部位进行全面冲洗，直至无肉眼可见的泡沫（图3-7）。清洗合格的标准为在光线充足的条件下（可使用手电筒照射），全车无肉眼可见的污染物。

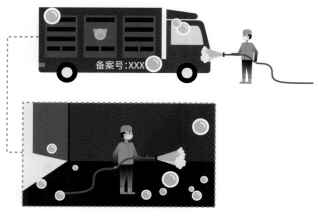

图3-7 冲洗清洁剂

3.4 晾干

将车辆停放到晾干区域，静止车辆，尽量排出清洗后残留的水，避免车内积水，有条件的可设计坡度区域供车辆控水。

4 消毒

有条件的可以设立独立的消毒区域，在车辆彻底控水（车辆内外表面无水渍、滴水）后，对车辆进行消毒。

4.1 消毒剂的选择

应选择使用对多种微生物都有效（细菌、病毒、真菌），无腐蚀性，对人、动物和环境的危害尽可能小的消毒剂。

4.1.1 拆除厢壁及随车携带的隔离板或隔离栅栏等物品冲洗干净后，用过氧乙酸或漂白粉溶液喷雾消毒，或在密闭房间内熏蒸消毒。

4.1.2 随车配备和携带的物品可使用紫外线照射，充分消毒。

4.1.3 车内可密封的空间用熏蒸消毒或用过氧乙酸气溶胶喷雾消毒。

4.1.4 车身和底盘可用过氧乙酸或次氯酸钠喷雾消毒。

4.1.5 非洲猪瘟疫情防控期间，应选用非洲猪瘟病毒敏感的消毒剂替代常用消毒剂，如：戊二醛或次氯酸钠溶液喷洒消毒。

4.1.6 对参与非洲猪瘟疫情处置的车辆进行消毒时，先用甲醛溶液或含有不低于4%有效氯的漂白粉澄清液喷洒消毒，浸泡半小时后冲洗干净。再按照程序进行清洗消毒。

4.2 消毒程序

4.2.1 车辆表面消毒

4.2.1.1 喷洒消毒剂

使用低压或喷雾水枪对车体外表面、车厢内表面、底盘、车轮等部位喷洒稀释过的消毒液（图3-8），以肉眼可见液滴流下为标准。

图3-8 喷洒消毒剂

4.2.1.2 消毒剂浸泡

喷洒后，应按照消毒剂使用说明，保持消毒剂在喷洒部位静置一段时间，一般不少于15分钟。

4.2.1.3冲洗消毒剂

用高压水枪对车体外表面、车厢内表面、底盘、车轮等部位进行全面冲洗。

4.2.1.4消毒结果判定

车辆表面消毒约需要25 ~ 30分钟，车辆表面无消毒剂残留视为合格。

4.2.2驾驶室的清洗消毒

驾驶室的清洗消毒和干燥应与车辆同步进行。

4.2.2.1清理驾驶室

移除驾驶室内杂物并吸尘（图3-9）。

4.2.2.2清洗消毒可拆卸物品

移除脚垫等可拆卸物品，清洗、消毒并干燥（图3-10）。

图3-9　清理驾驶室　　　　　图3-10　驾驶室清洗消毒

4.2.2.3擦拭

用清水、洗涤液对方向盘、仪表盘、踏板、档杆、车窗摇柄、手扣部位等进行擦拭（图3-11）。对驾驶室进行熏蒸消毒或用过氧乙酸气溶胶喷雾消毒。

图3-11 擦拭消毒

4.2.2.4驾驶室消毒后停留不少于15分钟，完成驾驶室清洗消毒干燥步骤约需25 ～ 30分钟。

4.2.2.5除虫

有必要时，在驾驶室内使用除虫菊酯杀虫剂除虫。

4.2.3人员的清洁卫生

4.2.3.1更衣

随车人员清洗完毕后，更换清洁的工作服和靴子，在净区等待车辆消毒完成后驾驶车辆离开。

4.2.3.2衣物消毒

换下的衣物放到指定区域进行清洗消毒，衣物清洗消毒可使用洗衣液配合84消毒液处理或采取熏蒸消毒或高压消毒，清洁消毒后可重新投入使用（图3-12）。

图3-12　衣物消毒

5 清洗消毒合格标准

车辆清洗消毒完成后，应对清洗消毒效果进行观察和评估，符合以下标准的，方为合格（图3-13）。

图3-13　评估清洗消毒结果

5.1车体外表面、车厢内表面、底盘、车轮等部位无明显污垢，包括粪便、饲料、垫料和毛发等污染物。

5.2驾驶室等内部无明显污垢，包括粪便、饲料、垫料和毛发等污染物。

6 干燥（可选择项目）

　　有条件的可以设立车辆烘干间，对车辆进行烘干至无肉眼可见的水渍（图3-14）。也可利用有坡度的地面对车辆进行自然干燥，至无肉眼可见水渍。车辆进行干燥时，应打开所有车门进行车辆通风。

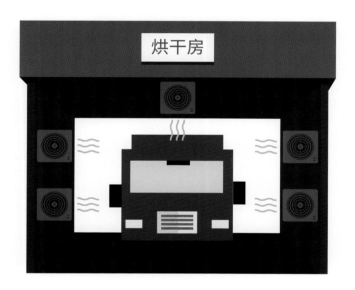

图3-14　烘干车辆

第四章　车辆清洗消毒场所
生物安全控制程序

车辆清洗消毒场所应加大生物安全硬件建设投入、建立完善的生物安全控制程序，规范清洗、消毒和干燥等工作，提升生物安全防控水平。

1 建设要求

1.1清洗消毒场所可建设在室内或室外，光线充足，能够满足全天进行清洗、消毒、干燥等工作的要求。北方地区应注意冬季保温，场所应建设在室内，使作业环境温度达到0℃以上，防止结冰（图4-1）。

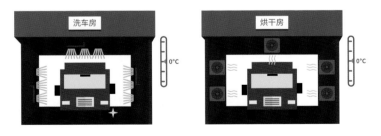

图4-1　车辆清洗和烘干车间

1.2养殖场自建的清洗消毒场所应建设在场区外，与场区保持一定的生物安全距离。

1.3屠宰场自建的清洗消毒场所应靠近卸猪区域，不得在此区域清洗其他与生猪屠宰活动无关的车辆。

1.4出入口处设置与门同宽，长4米、深0.3米以上的消毒池。消毒液每周应更换2次（要避免日晒、雨淋和污泥浊水流入池内），车辆经过较多时应提高更换频率。

1.5清洗消毒场所应严格划分清洁区、污染区，根据需要设置清理、清洗、消毒、干燥等车辆清洗消毒区域和淋浴间、消毒室等人员和物品清洗消毒区域，并设置显著的指引牌或标识（图4-2）。

图4-2 车辆洗消场所示意图

1.6房屋结构材质应防水、防雾、防腐蚀，地面做防滑处理。

1.7清洗消毒场所设计应满足清洗车辆单向行驶的要求。

1.8配备清洗机、发泡机、烘干机、吸尘器、喷雾消毒机等必要的清洗消毒设备（图4-3）。

1.9配备与作业规模相适应的无害化处理、污水污物收集或处理设施设备，排放的废水应达到国家规定的标准。

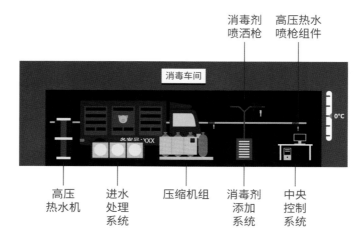

图4-3　清洗消毒设备

2　水源

有稳定的水源和电力供应，车辆清洗消毒场所的水源可以是符合以下条件的饮用水、中水或自备井。

2.1饮用水应确保无污染，用于清洗剂、消毒剂的稀释（水质会影响清洗剂和消毒剂的效能，相关使用信息详见清洗剂和消毒剂的说明书）。

2.2中水应确保无污染，用于车辆的冲洗等。

2.3自备井经水质检测符合饮用水、中水标准的，可用于相应的冲洗消毒操作。

3　管理制度

3.1建立完善的生物安全控制制度和程序，包括动物传染病学基本理论知识、仪器设备的操作使用规范、清洗消毒操作程序、个人防护措施（图4-4）、质量检验标准和有关注意事项等，悬挂在工作场所明显的位置。

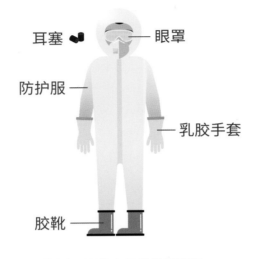

耳塞　　眼罩

防护服　　乳胶手套

胶靴

图4-4　工作人员防护示意图

3.2 定期对消毒工具运转情况和消毒剂贮存情况进行检查，及时修整、补充。

3.3 建立工作人员岗前培训和监督考核制度，对工作人员清洗消毒工作情况进行监督考核，填写《车辆冲洗消毒检查表》并存档。

3.4 建立车辆入场登记、清洗消毒工作记录，由工作人员进行填写，相关负责人签字确认后，归档保存。

3.5 建立清洗消毒场所卫生制度，所有车辆清洗消毒结束后，对场区、车间、设施设备和工作人员衣物等进行清洗消毒，定期对环境、设施设备和人员衣物等进行采样检验，确保场区环境安全卫生。

3.6有条件的，可建立消毒效果评价制度，在清洗消毒后对车辆采样，检验清洗消毒效果（图4-5）。

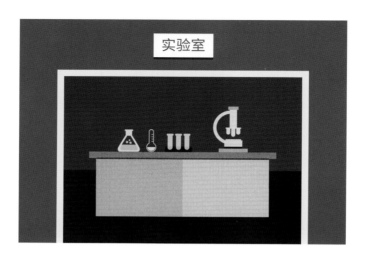

图4-5 消毒效果评价

3.7在非洲猪瘟疫情防控期间，消毒药品应定期进行调整和更换，避免产生抗药性。

3.8建立非洲猪瘟疫情处置车辆清洗消毒程序，规范参与非洲猪瘟疫情处置的车辆或来源于疫区的车辆清洗消毒程序、消毒剂选择和使用、工作场所和人员安全卫生防护措施以及清洗消毒效果的检验等工作。

3.9已消毒和未消毒的物品应严格实施分区管理，防止交叉污染。

第五章　疫情处置车辆和人员的管理

参与非洲猪瘟等疫情处置的车辆和人员应加强生物安全防控管理，严防疫情通过车辆、人员传播、扩散。

1　车辆的生物安全防控管理

1.1 参与非洲猪瘟等疫情处置的车辆应做到专车专用，不得与其他车辆混用（图5-1）。

图5-1　疫情处置专用车辆

1.2 工作人员乘坐用车和运输物资的车辆离开疫区时，应在临时消毒检查站（图5-2）对车体外表、底盘和车轮等部位进行喷雾消毒，然后驶入距离疫区最近的清洗消毒场所清洗消毒。

临时车辆消毒点

备案号:XXX

图5-2　临时消毒检查站

1.3 运输病死或扑杀的生猪以及疫区内相关物品前往无害化处理场（点）的车辆，离开疫区时，应在临时消毒检查站对车体外表、底盘和车轮等部位进行喷雾消毒，并由专业车辆跟随对行驶后的路面进行喷雾消毒。卸载后，车辆离开无害化处理场（点）时，应在临时消毒检查站对车体外表、底盘和车轮等部位进行喷雾消毒，然后驶入距离无害化处理场（点）最近的清洗消毒场所清洗消毒。

1.4 清洗消毒场所内用于清洗消毒非洲猪瘟等疫情处置车辆和人员的所有设备、工具不得移出场区，不得与其他车辆混用。

1.5 所有参与非洲猪瘟等疫情处置的车辆清洗消毒后，经评估合格，方可运输或进入生猪养殖、屠宰等场所。

2　人员的生物安全防控管理

2.1 与非洲猪瘟等疫情处置无关的人员在疫区和无害化处理场点应尽量不下车，如下车须穿戴一次性防护服和靴套，进入驾驶室前应脱掉，交由相关工作人员无害化处理，不得带出疫区。

2.2 参与非洲猪瘟疫情处置车辆清洗消毒工作的人员，应穿戴一次性生物安全防护服、靴套、口罩、眼罩等，并及时更换和无害化处理（图5-3）。

图5-3　穿着防护服

3　相关记录的填写及保存

疫情处置车辆应建立车辆使用、消毒等记录，记录车辆行驶时间、路线、消毒时间等情况。

图书在版编目（CIP）数据

生猪运输环节非洲猪瘟防控生物安全手册 ／ 中国动物疫病预防控制中心编 . —北京：中国农业出版社，2019.12

ISBN 978-7-109-26330-7

Ⅰ．①生… Ⅱ．①中… Ⅲ．①非洲猪瘟病毒－防治－手册 Ⅳ．①S852.65-62

中国版本图书馆CIP数据核字（2019）第285446号

中国农业出版社出版

地址：北京市朝阳区麦子店街18号楼

邮编：100125

责任编辑：姚　佳

版式设计：王　晨　　责任校对：吴丽婷

印刷：中农印务有限公司

版次：2019年12月第1版

印次：2019年12月北京第1次印刷

发行：新华书店北京发行所

开本：700mm×1000mm　1/16

印张：2.75

字数：32千字

定价：26.00元